改变世界的
动物们

了不起的
哺乳动物

BEASTLY MAMMAL
SCIENCE MECHANICS

[英]约翰·唐森德 —— 著

[英]戴维·安特莱姆 —— 绘

马雪云 —— 译

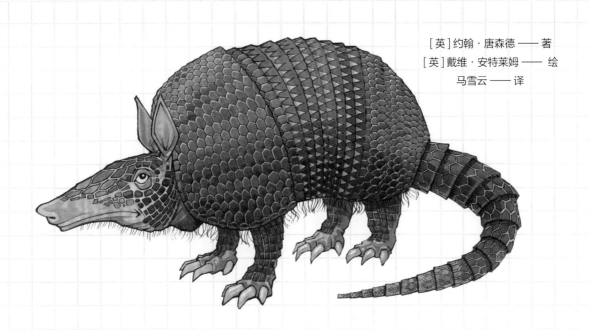

中信出版集团 | 北京

图书在版编目（CIP）数据

改变世界的动物们. 了不起的哺乳动物 /(英) 约翰·
唐森德著；(英) 戴维·安特莱姆绘；马雪云译. -- 北
京：中信出版社, 2022.11
书名原文: Beastly Science: Mammal Mechanics
ISBN 978-7-5217-4566-5

Ⅰ.①改… Ⅱ.①约…②戴…③马… Ⅲ.①哺乳动
物纲 - 儿童读物 Ⅳ.①Q959.49

中国版本图书馆CIP数据核字(2022)第128040号

改变世界的动物们·了不起的哺乳动物

著　者：　[英] 约翰·唐森德
绘　者：　[英] 戴维·安特莱姆
译　者：　马雪云
出版发行：中信出版集团股份有限公司
　　　　　（北京市朝阳区惠新东街甲4号富盛大厦2座　邮编　100029）
承 印 者：鸿博昊天科技有限公司

开　本：889mm×1194mm　1/16　　印　张：2　　字　数：50千字
版　次：2022 年 11 月第 1 版　　　　印　次：2022 年 11 月第 1 次印刷
京权图字：01-2022-2019
书　号：ISBN 978-7-5217-4566-5
定　价：49.80元（全 2 册）

出　品：中信儿童书店
图书策划：如果童书
策划编辑：孙婧媛　　　　责任编辑：谢媛媛　　　营销：中信童书营销中心
封面设计：李然　　　　内文排版：王莹

目　录

了不起的哺乳动物

　　哺乳动物正在改变世界！它们的很多生存秘诀正在帮助科学家找到解决各类难题的方法。生物学家和工程师还在不断对它们进行研究，希望了解更多它们身体运作和运动的规律。

　　科学家和发明家们模仿或参考动物的结构和功能原理进行创造，与此相关的科学叫仿生学。仿生学是动物科学研究最重要的成果。可以说，未来的科技发展在一定程度上取决于今天的哺乳动物研究。

神奇的哺乳动物

哺乳动物因通过分泌乳汁哺乳下一代而得名。哺乳动物种类繁多，分布广泛，猫科动物、人类，甚至海洋里的鲸类，都是哺乳动物。现存动物中约有5500种是哺乳动物。有些哺乳动物非常聪明。

哺乳动物的特征

科学家对动物进行分门别类，便于研究。哺乳动物区别于其他动物的主要特征是，它们都需要呼吸空气，具有脊椎，都是恒温动物，也就是说，哺乳动物不需要依赖阳光保持体温，它们能自己产生热量，并维持体温。

你相信吗？

人类也属于哺乳动物，我们是生物进化史上的奇迹。接下来，就为你揭开哺乳动物的神奇之处。做好准备，迎接各种神奇的哺乳动物吧！

3

蝙蝠与回声定位

蝙蝠是唯一会飞的哺乳动物。全世界有1000多种蝙蝠。最小的蝙蝠，也叫大黄蜂蝙蝠，比蜜蜂大不了多少。最大的蝙蝠是巨型金冠飞狐，它的翼展能达到1.7米。

蝙蝠是夜行性动物，因此它们必须学会在黑暗中找到方向。它们需要"看"清楚猎物的位置，同时避免撞到障碍物。而帮助它们做到这一切的，不是它们的眼睛，而是它们的超级大耳朵。

小档案

- 声音是一种能量，由物体振动产生。振动促使空气微粒运动，运动的空气微粒互相碰撞，形成声波。快速的振动形成高音，慢速的振动形成低音。
- 蝙蝠发出的声波通常是超声波，我们人类的耳朵听不见。
- 蝙蝠利用自己发出的超声波及其回声确定自己的路径，这叫作回声定位。

4

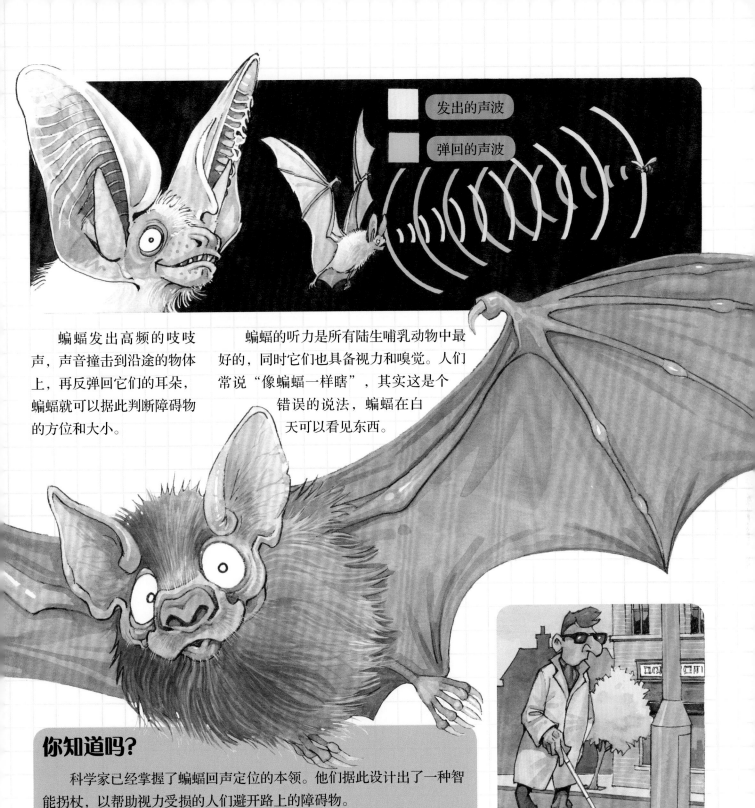

发出的声波

弹回的声波

蝙蝠发出高频的吱吱声，声音撞击到沿途的物体上，再反弹回它们的耳朵，蝙蝠就可以据此判断障碍物的方位和大小。

蝙蝠的听力是所有陆生哺乳动物中最好的，同时它们也具备视力和嗅觉。人们常说"像蝙蝠一样瞎"，其实这是个错误的说法，蝙蝠在白天可以看见东西。

你知道吗？

科学家已经掌握了蝙蝠回声定位的本领。他们据此设计出了一种智能拐杖，以帮助视力受损的人们避开路上的障碍物。

智能拐杖发出超声波，超声波遇到障碍物后弹回，拐杖就会通过振动提醒使用者，前方有障碍物。

蝙蝠与医学研究

美洲中部和南部生活着三种以血液为食的蝙蝠。这些吸血蝙蝠每晚需要一到两勺血液维持生命。吸血蝙蝠在夜间出没，寻找睡着的牛、马，甚至鸟，吸食它们的血液。

这些蝙蝠长着锋利的牙齿，它们的鼻子上有一种特别的温度感应器，能够感受到猎物身上新鲜的血液流经了哪些地方。蝙蝠在猎物身上靠近动脉的地方咬一口，猎物也几乎感受不到疼痛，流出的血液便足够吸血蝙蝠吸食了。

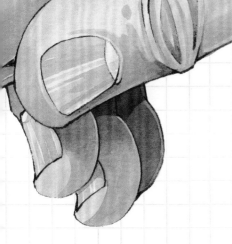

吸血蝙蝠的唾液中含有一种物质，能防止猎物伤口血液凝结，确保血液持续流出。科学家正致力于研究其唾液在医学上的应用。对于容易出现凝血的中风或心脏疾病患者，这项防凝血的功能可以帮助血液流动。

目前，科学家已经研制出了一种药，这种药有个耸人听闻的名字，叫"德古拉"（英语中的意思暗指吸血鬼）。将这种稀释血液的药物注射进患者体内，可以溶解大脑里的血栓。不然，这些血栓会阻碍血液循环，使大脑缺氧，引发中风。用德古拉阻止血液凝结，虽然听起来有点疯狂，但事实证明，长相丑陋的吸血蝙蝠其实是生命拯救者。

小档案

- 有种吸血蝙蝠体长只有9厘米，翼展约有18厘米。体重在25～40克之间，进食后会略重。
- 一个由1000多只蝙蝠组成的蝙蝠群一年内吸食的血液，抵得上一头牛体内的全部血液，而被它们吸食过的牛可能都不知道自己被咬过。
- 科学家用"吸血"来形容蝙蝠的吃血大餐，而在吸血蝙蝠看来，这叫"享受美味"。

蝙蝠与飞行器

虽然蝙蝠看起来像没头苍蝇一样乱飞，但事实并不是这样的，它们飞得比鸟还轻快。科学家对蝙蝠翅膀的构造和飞行模式进行过研究，得出的结论是，蝙蝠飞行时比鸟要省力得多。它们的翅膀是一层皮膜，飞行时能产生比羽毛翅膀更大的浮力，受到的空气阻力更小，也更灵活，更容易操控。如果工程师能制造一个像蝙蝠一样的飞行器，那该多好啊！

来见识一下美国微型军事侦察机——蝙蝠飞行器。这款飞行器长度为15厘米，头部安装了太阳能电池板，机翼的形状类似蝙蝠的翼手。它可以同时收集视觉信息、声音信息和嗅觉信息，功率只有一瓦。

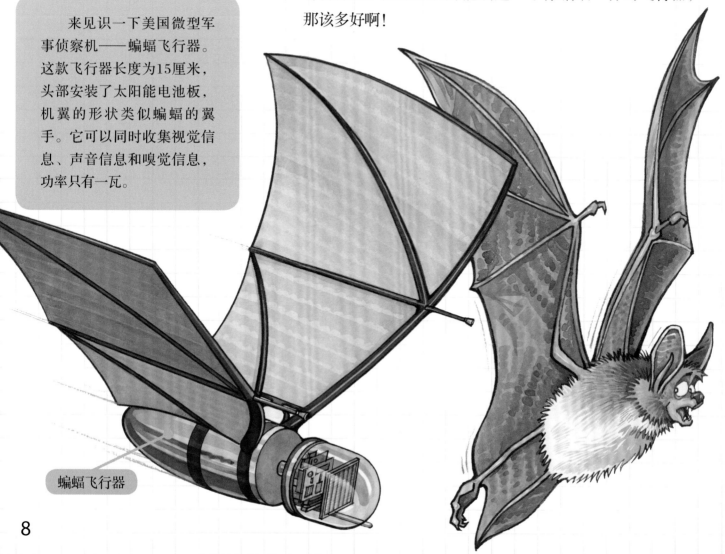

蝙蝠飞行器

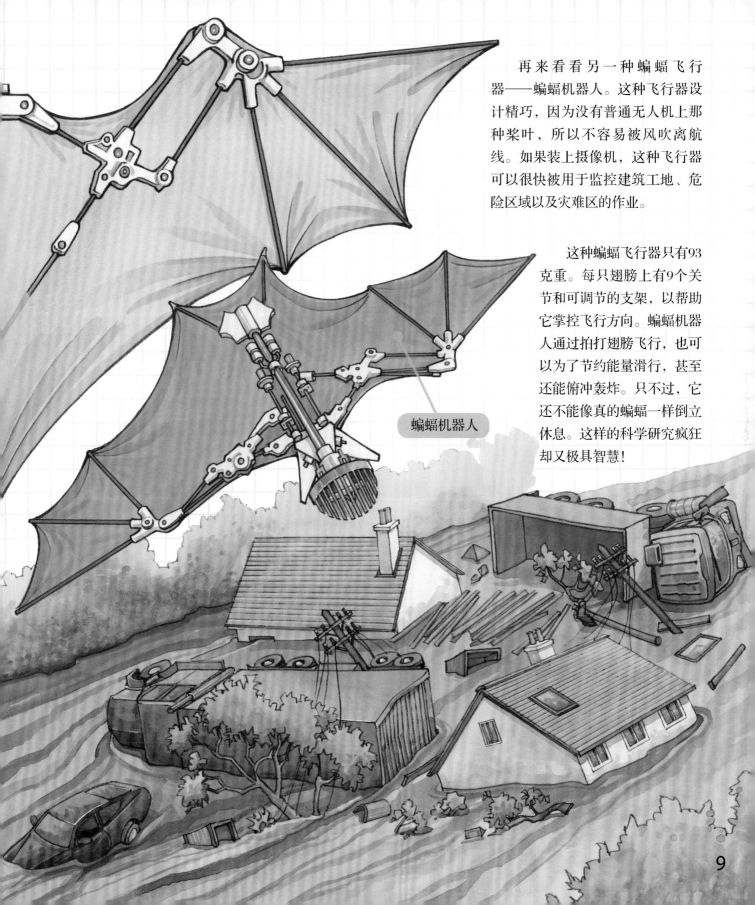

再来看看另一种蝙蝠飞行器——蝙蝠机器人。这种飞行器设计精巧，因为没有普通无人机上那种桨叶，所以不容易被风吹离航线。如果装上摄像机，这种飞行器可以很快被用于监控建筑工地、危险区域以及灾难区的作业。

这种蝙蝠飞行器只有93克重。每只翅膀上有9个关节和可调节的支架，以帮助它掌控飞行方向。蝙蝠机器人通过拍打翅膀飞行，也可以为了节约能量滑行，甚至还能俯冲轰炸。只不过，它还不能像真的蝙蝠一样倒立休息。这样的科学研究疯狂却又极具智慧！

蝙蝠机器人

9

猫与反光路钮

猫的夜视能力非常好。有人根据它们的夜视原理，发明了为夜间行路的司机照明的装置。

珀西·肖（1890—1976）是一名发明家和商人。1933年一个有雾的夜晚，他驾车行驶在一条连续转弯的路上，路边一只猫的眼睛反射出车灯的光线，让他警觉起来，看到了旁边的沟渠，避免了事故的发生。这件事给了珀西灵感，他制造出了一种玻璃反射器，也就是猫眼反光路钮，放在路边提醒司机。这项发明让珀西获得了一笔不小的财富。1935年，他成立了一家公司，生产这种猫眼反光路钮。他因对道路安全的贡献，于1965年获得由英国王室颁发的勋章。

珀西·肖

反光膜

在猫眼的后部，有一个反射层，学名叫反光膜（拉丁语名字的意思是"明亮的地毯"）。很多在夜里视力仍然很好的夜行性动物眼部都有反光膜。黑暗中遇到光线时，猫眼之所以能产生明亮的反光，就是因为反光膜在起作用。

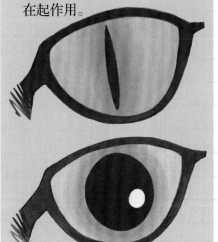

每个猫眼反光路钮内都有一面铝镜，铝镜前方是凸面镜。凸面镜的角度经过特别设置，可以将汽车前灯的光反射回去，让司机看清路面。有些猫眼路钮在车轮压力下可缩回路面里。

猫眼反光路钮

你相信吗？

1999年，一组美国科学家将一台电脑连到了一只猫的大脑上，记录了那只猫看见的信息。电脑工程师甚至还想设计出能像猫脑一样处理信息的超级电脑。不过……如果移动"鼠"标，猫的大脑会不会反应过度呢？

裸鼹鼠与氧气

这种奇怪的啮齿类小动物，正在成为科学家的心头宠，因为他们觉得，说不定可以从它们身上发现什么有价值的秘密，为人类所用。科学家认为，裸鼹鼠这种古怪的生物可以不依赖氧气存活较长时间，是因为它们的身体能通过一种别的"能源"获得能量。裸鼹鼠生活在很深的地下，它们的洞穴狭窄拥挤，无法提供足够的氧气，在某种程度上，裸鼹鼠是依靠体内的果糖维持生命的。

氧气不足

在我们周围的空气里，氧气的含量约为20%。如果氧气含量降到5%，我们很快就会感到眩晕，大脑也会因缺氧而死亡。

有些病人在中风或心脏病发作时会缺氧。因此，医生想要掌握裸鼹鼠在低氧状态下生存的能力，从而帮助这类病人。

小档案

· 裸鼹鼠全身没有毛发，粉红色的皮肤皱巴巴的，比老鼠大不了多少。但它们既不是鼹鼠，也不是老鼠。
· 和鼹鼠一样，裸鼹鼠生活在东非部分地区的地下。
· 裸鼹鼠感觉不到疼痛，几乎不得癌症，寿命比老鼠长十倍。
· 裸鼹鼠群居生活，裸鼹鼠群由"王后"领导。

登山者

血液中氧气含量太少，会影响身处高海拔的登山者，可能让他们无法呼吸。医生们正在研究裸鼹鼠是如何轻松适应不同氧气含量的环境的，希望研究结果能帮助登山者应对氧气的变化。这可以说是小小裸鼹鼠对人类的大贡献了。

豪猪与外科手术

豪猪是北美第二大啮齿类动物，体形仅次于河狸。豪猪，又名箭猪，顾名思义，它身上长满了尖锐的棘刺。每头豪猪身上大约有3万根刺，有些甚至长达30厘米。一般情况下，这些刺是贴在身上的，但如果豪猪受到惊吓或遇到捕食者，刺就会迅速直竖起来，让它看起来就像一个扎满针的针线包。尽管豪猪身上的刺看起来很可怕，但却吓不到山狮和狼这样的动物，它们仍然愿意为了一顿美餐冒被扎的危险。

小档案

- 豪猪有尖尖的爪子，可以爬树。
- 它们的门齿又长又尖，且终生生长。
- 全世界约有24种豪猪。
- 实际上，豪猪身体两侧、背后和尾巴上都长有软毛，但是这些软毛中也长着很多刺。
- 豪猪生活在沙漠、森林和草原上，以树皮、植物根茎、果实和叶子为食。

豪猪的刺

- 豪猪的刺尖端很锋利，上面还有很多小的倒刺。因此，如果敌人被扎中，很难把刺拔出来。如果豪猪身上有刺掉了，掉刺的地方还会长出新的刺。

- 豪猪的刺很容易脱落，刺中捕食者后会勾在其身上。所以敌人只要一接触就会落得满脸刺，看着都好疼啊！

- 每根刺的尖上有700～800个小倒刺。

- 豪猪也经常扎到自己，不过别担心，它们的刺尖会分泌一种抗生素，以防止伤口感染。

豪猪的刺促进了科学家在外科手术方面的研发。它们的刺极其坚硬，能够轻易穿透人类皮肤。科学家一直在寻找一种能够快速穿透皮肤且不易变形的注射器针头，而且希望能在穿透皮肤时，减轻患者的疼痛。他们也希望从这些刺上得到启发，更好地修复伤口。

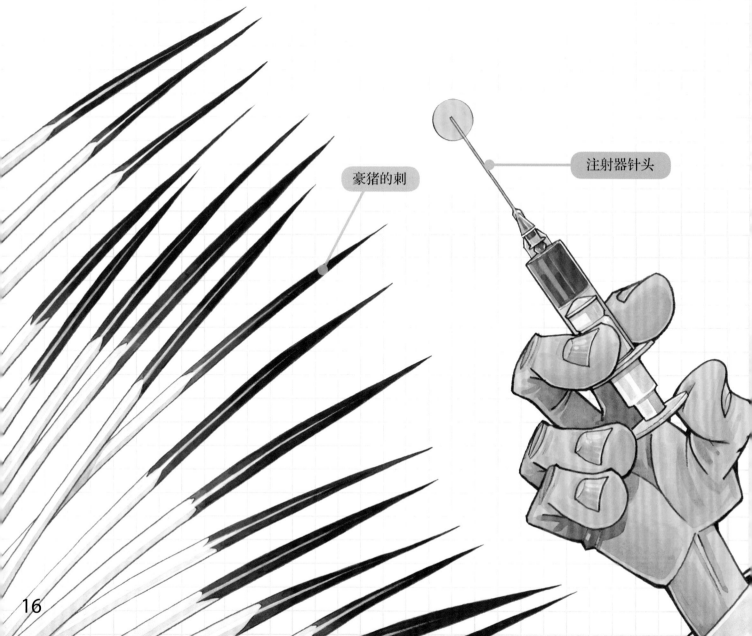

豪猪的刺

注射器针头

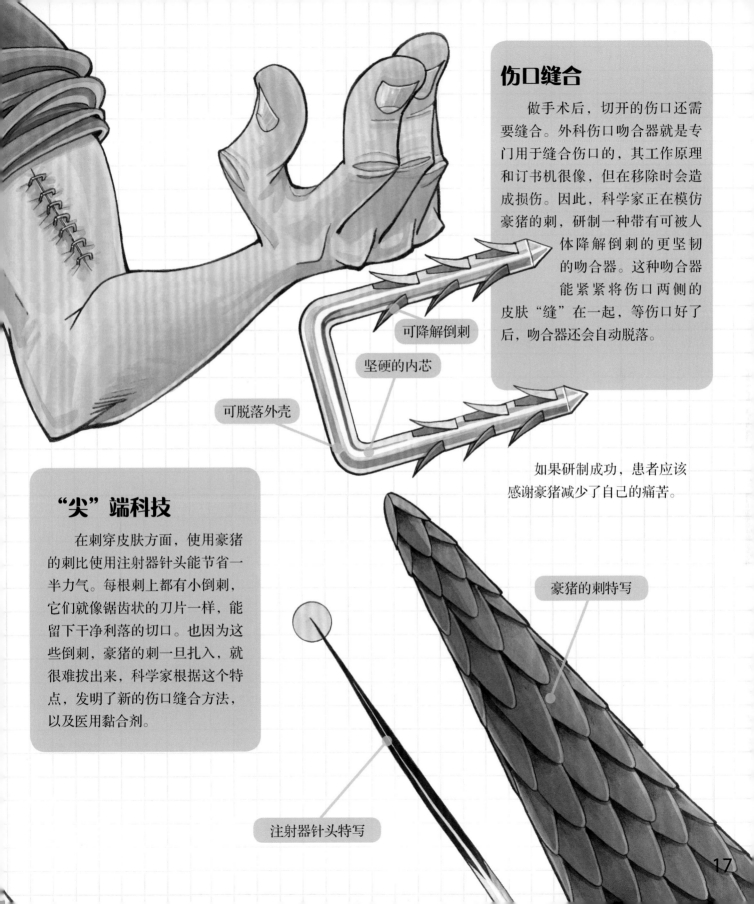

伤口缝合

做手术后，切开的伤口还需要缝合。外科伤口吻合器就是专门用于缝合伤口的，其工作原理和订书机很像，但在移除时会造成损伤。因此，科学家正在模仿豪猪的刺，研制一种带有可被人体降解倒刺的更坚韧的吻合器。这种吻合器能紧紧将伤口两侧的皮肤"缝"在一起，等伤口好了后，吻合器还会自动脱落。

可降解倒刺

坚硬的内芯

可脱落外壳

如果研制成功，患者应该感谢豪猪减少了自己的痛苦。

"尖"端科技

在刺穿皮肤方面，使用豪猪的刺比使用注射器针头能节省一半力气。每根刺上都有小倒刺，它们就像锯齿状的刀片一样，能留下干净利落的切口。也因为这些倒刺，豪猪的刺一旦扎入，就很难拔出来，科学家根据这个特点，发明了新的伤口缝合方法，以及医用黏合剂。

豪猪的刺特写

注射器针头特写

犰狳与折叠设计

犰狳是树懒和食蚁兽的近亲（三者同属于贫齿目），主要生活在南美洲。它们长着尖尖的或铲子形的吻、小眼睛，从头到尾长满了可折叠的"盔甲"，这些"盔甲"由骨板和鳞甲构成。三带犰狳（中间有三条甲带）在遇到危险时可以把自己蜷缩成一个盔甲球，保护自己。科学家正在思考如何将犰狳的这种防御能力运用到技术上。

小档案

· 有一部分九带犰狳生活在美国，它们是得州官方公布的州哺乳动物。

· 大犰狳的身体和头加起来足有1米长。它们的寿命长达15年甚至更久。

· 犰狳是杂食动物，它们吃昆虫、蠕虫、蛇和植物。

· "犰狳"这个词在西班牙语里的意思是"带盔甲的小东西"。

巴西的三带犰狳遇到危险时，可以将自己紧紧蜷成一个球。它们的硬壳，也叫甲壳，主要由骨质鳞片和角质鳞片组成。这套盔甲帮它们阻挡了不少捕食者。

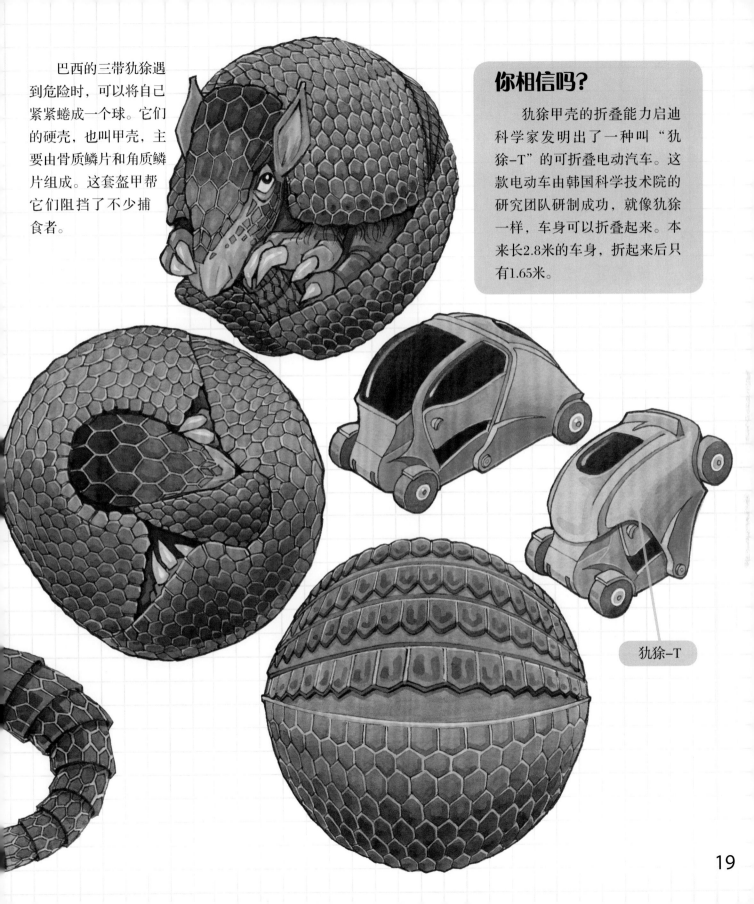

你相信吗？

犰狳甲壳的折叠能力启迪科学家发明出了一种叫"犰狳-T"的可折叠电动汽车。这款电动车由韩国科学技术院的研究团队研制成功，就像犰狳一样，车身可以折叠起来。本来长2.8米的车身，折起来后只有1.65米。

犰狳-T

穿山甲与防护设计

除了犰狳，穿山甲也是浑身盔甲，并且在遇到危险时也能把自己卷起来。不过犰狳和穿山甲并没有什么亲戚关系。穿山甲主要生活在非洲和亚洲地区，比起犰狳，它们跟食蚁兽更像。比如，穿山甲和食蚁兽的舌头伸直后都比身体还长，非常适合舔食白蚁。穿山甲跑不快，也没有牙齿，因此，它们只能依靠覆盖全身的大鳞片保护自己。

小档案

· 穿山甲的鳞片和我们的指甲一样，都是由角蛋白构成的。穿山甲的鳞片约占身体总重的20%。

· 英文中的"穿山甲"一词来自马来语，在马来语中的意思是"会卷起来的东西"。

· 受到威胁时，穿山甲也会猛烈挥动满是尖锐鳞片的尾巴进行攻击，甩动的尾巴能轻易划开捕食者的皮肤。穿山甲还会从身体的后部释放难闻的气味，攻击敌人。

· 全世界有8种穿山甲，体长从30厘米到100厘米不等。

背包

跟犰狳一样，穿山甲的鳞片也是既坚固又灵活，不会妨碍活动。这激发了设计师的灵感，让他们设计出材质坚韧的背包。

穿山甲建筑物

位于英国伦敦的滑铁卢火车站建有一排屋顶，其钢制结构上覆盖了超过2520块玻璃板。这种结构消减了火车进站时带起的大风。这种设计模仿了穿山甲的身体构造。穿山甲可以通过活动身上的鳞片，让空气流通，从而调节体温。

受到威胁时，穿山甲就把头贴紧肚子，将自己蜷成一个硬球，谁也别想撬开它。

21

鲸与声波

鲸（包括海豚）也跟蝙蝠一样，利用声音辨认方位。它们能在水下发出一种独特的咔嗒声，以及类似唱歌一样的声音传送声波信息。这些声波可以传播很远，当遇到障碍物或者其他生物时，能够反射给鲸，告诉它们周围环境的详细信息。它们发出的高频声波相当惊人，在一定距离内，即使处于完全黑暗的地方，再细小的东西也能被发现。比起视力，它们更依赖声呐寻找食物、家人和定位。这种深水下的回声系统不能不说是一种神奇的"声音科学"。

小档案

- 在使用回声系统进行交流和定位这件事儿上，海豚和其他鲸类很相似，此外，它们都是聪明的海洋哺乳动物。
- 鲸都需要呼吸新鲜空气，这通过头顶上的呼吸孔实现。不少鲸有2个呼吸孔，而海豚只有1个。
- 海豚是一类有牙齿的鲸。最大的海豚是虎鲸，又称逆戟鲸。常有人误以为逆戟鲸是一种凶猛的鲸，因为它也叫杀人鲸。

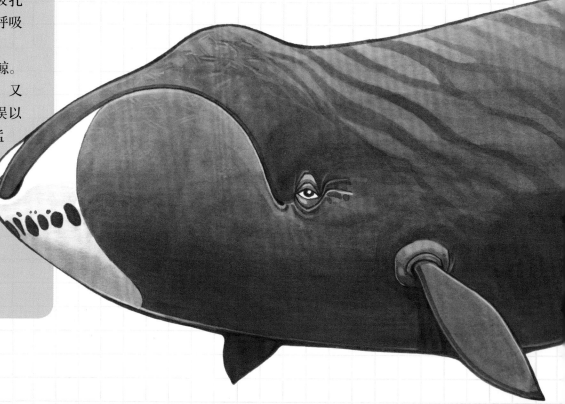

迁徙

有些鲸会在海洋中迁徙数千千米，来年再回到老地方。

如果发出的声波遇到鱼群，鲸便可以根据反射回的声波确定鱼群的位置，进行捕猎。

弓头鲸

最大的北极弓头鲸身长可达18米，科学家对它们非常感兴趣。它们能活到200多岁，而且不会患上各种老年病。虽然它们身上的细胞数量比人类的多1000多倍，但它们患癌症的风险却并不比人类大。科学家正在研究弓头鲸的DNA，希望能发现它们健康长寿的秘密，从而改善人类的基因。说不定，我们也能因此活到200多岁呢。

水中的声音

声音在水中传输的速度约是在空气中的4.5倍，因此鲸可以迅速做出反应。有些海豚非常聪明，军事专家已经开始利用它们来寻找水雷，并协助寻找在海上失踪的乘客。

海豚与海洋学

使用声呐进行沟通的海豚，可以说是海底交流专家。它们能识别远达25千米外的呼唤声。这个特征启发了科学家们。德国一家叫EvoLogics的公司模仿海豚的声波交流法，研制出了一种高效能的水下调制解调器，并将其用于印度洋上的海啸预警系统，从而在海啸造成破坏之前提醒人们撤离到安全区域。

海豚的皮肤

海豚的皮肤很特别，既具有弹性又光滑，这让它们可以感觉到水流的微小波动，同时也杜绝了寄生虫。

人们模仿海豚的皮肤给船只和潜艇都做了特制的外壳，以减少行进时的阻力。

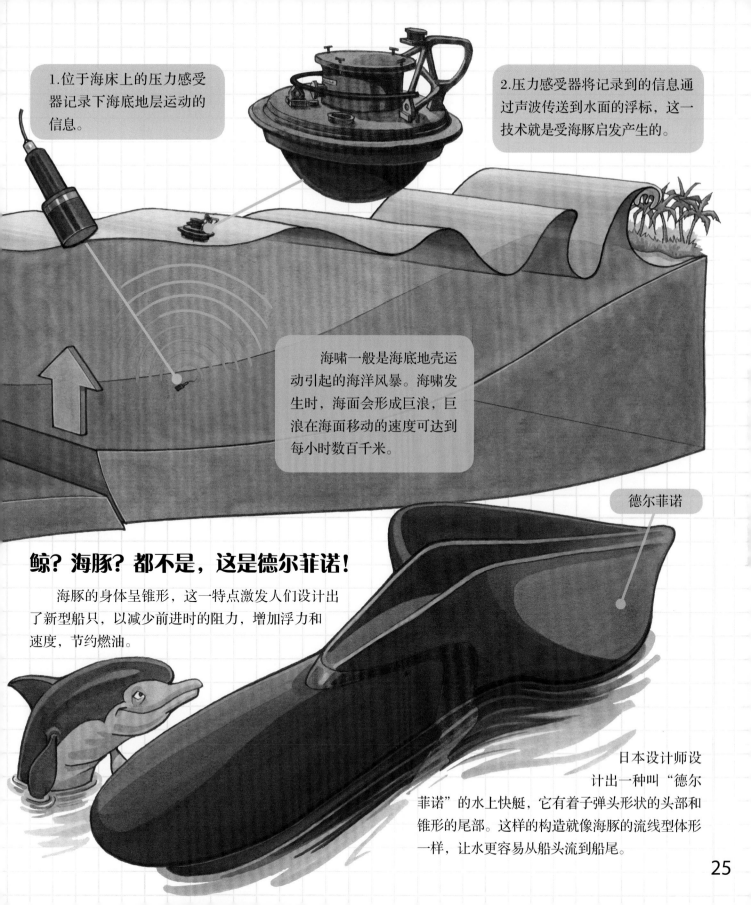

1. 位于海床上的压力感受器记录下海底地层运动的信息。

2. 压力感受器将记录到的信息通过声波传送到水面的浮标，这一技术就是受海豚启发产生的。

海啸一般是海底地壳运动引起的海洋风暴。海啸发生时，海面会形成巨浪，巨浪在海面移动的速度可达到每小时数百千米。

德尔菲诺

鲸？海豚？都不是，这是德尔菲诺！

海豚的身体呈锥形，这一特点激发人们设计出了新型船只，以减少前进时的阻力，增加浮力和速度，节约燃油。

日本设计师设计出一种叫"德尔菲诺"的水上快艇，它有着子弹头形状的头部和锥形的尾部。这样的构造就像海豚的流线型体形一样，让水更容易从船头流到船尾。

座头鲸与扇叶设计

座头鲸大概有一辆校车那么大，足足有五头大象那么重。一只座头鲸从出生到长成成年鲸的体形需要10年。它们一边唱着独特的"歌"，一边在全世界巡游。座头鲸英文名字中的humpback，意思是隆起的后背，因为它们在游泳时会弓起背，看上去就像一个小山丘。而中文名字中的"座头"源自日文，因其鳍肢的形状看似座头（一种盲人僧侣的职衔）使用的琵琶而得名。座头鲸可以利用鳍肢和巨大的尾鳍，像演杂技一样从海面上跃起。

座头鲸有一对巨大的鳍肢，每个鳍肢长达5米，它们给了科学家很多灵感。

你知道吗？

座头鲸的鳍肢之所以独特，是因为它边缘上布满齿状结节。科学家认为这就是座头鲸能在水底活动自如的秘密。

你可能会想，这些结节会不会增加游动时的阻力呢？科学家经过实验发现，这些结节不但不会增加阻力，还比平滑的边缘更能让鳍肢发挥功用。

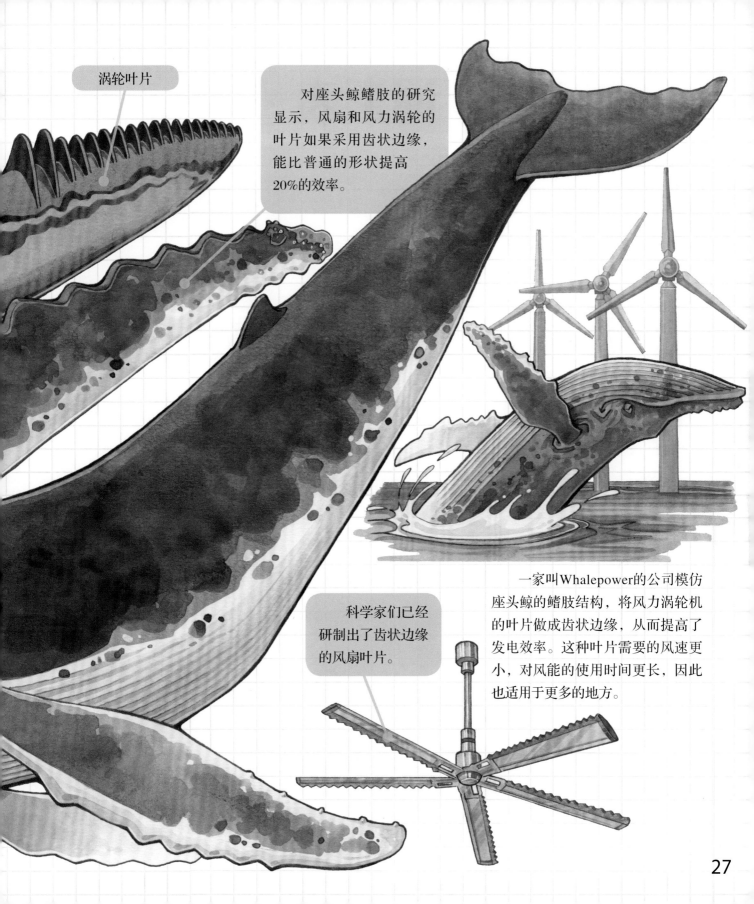

涡轮叶片

对座头鲸鳍肢的研究显示，风扇和风力涡轮的叶片如果采用齿状边缘，能比普通的形状提高20%的效率。

一家叫Whalepower的公司模仿座头鲸的鳍肢结构，将风力涡轮机的叶片做成齿状边缘，从而提高了发电效率。这种叶片需要的风速更小，对风能的使用时间更长，因此也适用于更多的地方。

科学家们已经研制出了齿状边缘的风扇叶片。

27

词汇表

DNA

脱氧核糖核酸的英文缩写，是生物细胞内构成基因的主要物质基础。

超声波

超过20000赫兹的高频声音，超出人类听力的上限。

回声定位

一种通过发射声波，再根据反射回的声波进行定位，从而发现物体的方法。

基因

含有特定遗传信息的核苷酸序列，遗传物质的最小功能单位。存在我们体内的每个细胞中，决定了我们每个人的独特性。

寄生

一种生物生活在另一种生物体表或体内，一方受益，一方受害。

角蛋白

构成头发以及指甲等坚硬组织的一种蛋白质。

结节

动植物身上鼓起或长在体外的小疙瘩。

锯齿状

参差不齐的边缘，如锯齿状刀片。

抗生素

防止有害菌造成感染的自然物质或药物。

可降解

能够自然分解。

膜

动植物身上某一部位的薄层。

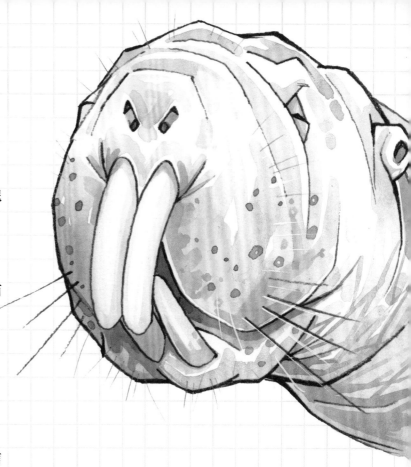

黏合剂
一种将东西粘在一起的物质，比如胶水、水泥或者浆糊，这些都是黏合剂。

切齿
用来切碎食物的门牙，哺乳动物的切齿长在两侧犬齿中间。

生物学家
研究生物以及生命过程的科学家。

声呐
一种发射声脉冲，并根据反射回的声音收集信息的系统。

凸面
像圆外的一段弧面或者整个圆面。

唾液
口腔中分泌的促进食物消化的液体。

无人机
没有人驾驶的小型航空器，由无线信号控制。

夜行性动物
夜间活动频繁，白天较少活动的动物。

杂食动物
既吃植物也吃肉的动物。

注射器
用于进行皮下注射的医疗器具。

改变世界的
动物们

了不起的
爬行动物

BEASTLY REPTILE
SCIENCE ROBOTICS

[英]约翰·唐森德 —— 著

[英]戴维·安特莱姆 —— 绘

马雪云 —— 译

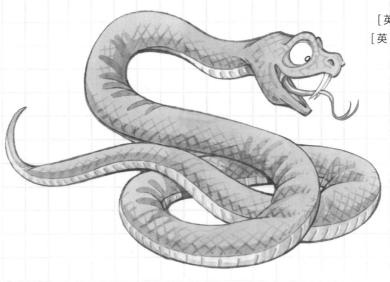

中信出版集团 | 北京

图书在版编目（CIP）数据

改变世界的动物们. 了不起的爬行动物/(英) 约翰·
唐森德著；(英) 戴维·安特莱姆绘；马雪云译. -- 北
京：中信出版社，2022.11
书名原文：Beastly Science: Reptile Robotics
ISBN 978-7-5217-4566-5

Ⅰ.①改… Ⅱ.①约…②戴…③马… Ⅲ.①爬行纲
－儿童读物 Ⅳ.①Q959.49

中国版本图书馆CIP数据核字(2022)第128019号

改变世界的动物们·了不起的爬行动物

著　者：[英]约翰·唐森德
绘　者：[英]戴维·安特莱姆
译　者：马雪云
出版发行：中信出版集团股份有限公司
　　　　　（北京市朝阳区惠新东街甲4号富盛大厦2座　邮编　100029）
承　印：鸿博昊天科技有限公司

开　本：889mm×1194mm　1/16　　印　张：2　　字　数：50千字
版　次：2022年11月第1版　　印　次：2022年11月第1次印刷
京权图字：01-2022-2019
书　号：ISBN 978-7-5217-4566-5
定　价：49.80元（全2册）

出　品：中信儿童书店
图书策划：如果童书
策划编辑：孙婧媛　　　责任编辑：谢媛媛　　　营销：中信童书营销中心
封面设计：李然　　　　内文排版：王莹

版权所有·侵权必究
如有印刷、装订问题，本公司负责调换。
服务热线：400-600-8099
投稿邮箱：author@citicpub.com

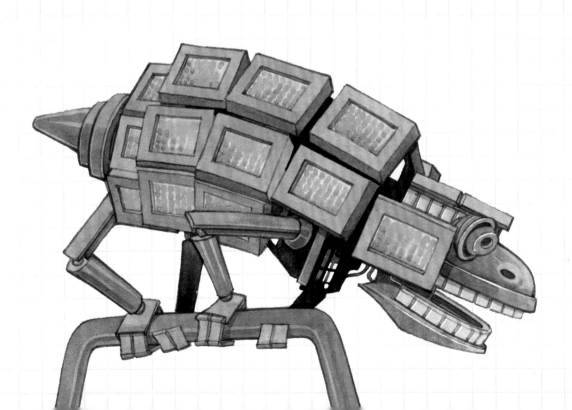

目　录

机器人世界

　　爬行动物正在改变世界！科学家从它们身上发现了很多秘密，这些秘密可以帮助解决困扰人类的很多难题。

　　科学家和发明家模仿或参考生物的结构和功能原理进行创造，与此相关的科学叫仿生学。这是动物科学研究取得的最好成果。爬行动物已经在地球上存活了数亿年，它们现在也在参与创造未来。

爬行动物的特征

　　为了方便研究，科学家们对动物进行了分类。爬行动物的明显特征是体表被鳞或骨板，用肺呼吸，有脊椎；不管蛇、蜥蜴，还是鳄鱼、龟，都是要么靠腹部，要么靠短小的腿（四肢）爬行。爬行动物都是变温动物，它们无法靠自己维持恒定的体温，而是要靠晒太阳。利用太阳能供能的爬行机器人正是学习了它们的这个特点。

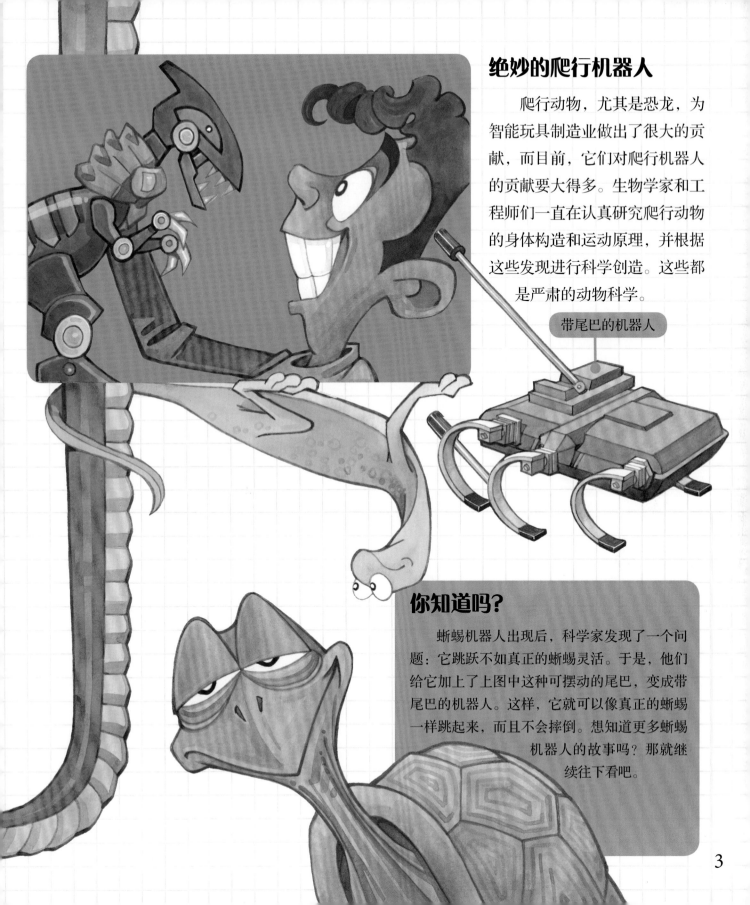

绝妙的爬行机器人

爬行动物，尤其是恐龙，为智能玩具制造业做出了很大的贡献，而目前，它们对爬行机器人的贡献要大得多。生物学家和工程师们一直在认真研究爬行动物的身体构造和运动原理，并根据这些发现进行科学创造。这些都是严肃的动物科学。

带尾巴的机器人

你知道吗？

蜥蜴机器人出现后，科学家发现了一个问题：它跳跃不如真正的蜥蜴灵活。于是，他们给它加上了上图中这种可摆动的尾巴，变成带尾巴的机器人。这样，它就可以像真正的蜥蜴一样跳起来，而且不会摔倒。想知道更多蜥蜴机器人的故事吗？那就继续往下看吧。

3

壁虎

壁虎是蜥蜴目动物的一种，喜欢生活在温暖地带。全世界约有5600种蜥蜴，其中大约1500种是壁虎。壁虎与其他蜥蜴的一大区别是：它们更喜欢夜行，而且会发出叫声。壁虎的趾端较宽，趾下皮肤形成褶皱，密布刚毛，而其他蜥蜴的趾端大都有爪。

小档案

- 壁虎的脚趾上分布着数百万根刚毛，这些细细的刚毛会与物体表面产生范德瓦耳斯力（一种静电作用力），从而让壁虎能吸在各种物体，甚至光滑的玻璃上。
- 壁虎经常蜕皮。豹纹壁虎每2～4周就会蜕皮一次，然后它会吃掉自己蜕下的皮，吸收里面的营养物质。嗯，真是美味！
- 壁虎常与人类生活在一起。在有些地方，家里有壁虎是幸运的象征，因为壁虎能消灭一些人们讨厌的虫子，比如蚊子。

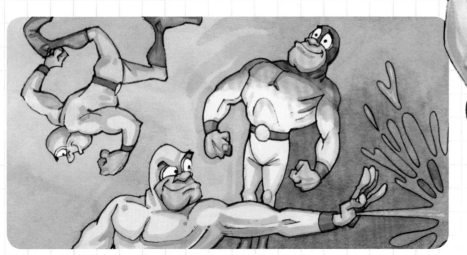

超级英雄

壁虎就像超级英雄一样有许多超能力。它们能竖贴在墙上，倒贴在天花板上，断掉的尾巴还能重生，有些壁虎甚至能改变身体的颜色迷惑捕食者，或者向捕食者喷射黏液进行攻击。

断尾求生

壁虎喜欢吃各类虫子，蟋蟀、蛾子、蚊子和蠕虫都是它们的美味。同时它们也是其他大型动物的猎物。遇到危险时，大部分壁虎都能断尾求生。断掉的尾巴还能继续扭动，迷惑捕食者。这时，壁虎就趁机逃走，之后再长出一条新尾巴。

万能"吸盘"

壁虎竖贴在墙上行走的技能，吸引了科学家的注意。它脚趾下的数百万根刚毛与物体表面产生的范德瓦耳斯力，能让它牢牢"吸"在各种材料的表面上，就连滑溜溜的玻璃或金属都行。如果机器人也有这么强大的吸附功能该多好！现在，经过科学家的钻研，机器人已经实现了这个目标，也能在墙上行走了！

壁虎机器人

美国加州的科学家设计了一种叫"黏黏虫"（StickyBot）的壁虎机器人。这种机器人能在摩天大楼的外层玻璃墙上攀爬。所以如果你需要一个擦玻璃的机器人，找它准行。

通过研究壁虎的脚趾，科学家制造了与它的褶皱和刚毛相似的材料，发明出了可以帮助人们和机器攀爬高墙的技术。黏黏虫在攀爬的过程中还可以像壁虎一样调整方向，因为它的四肢关节装备的是万向轮。

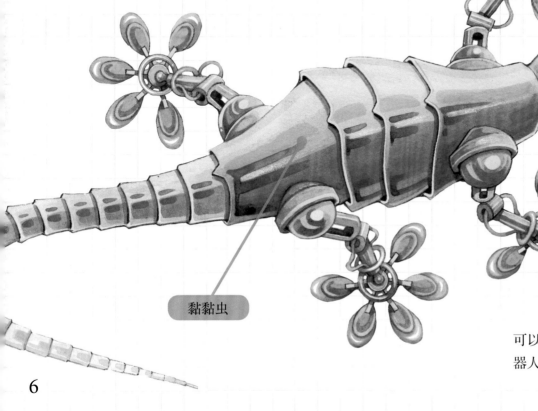

黏黏虫

消防员和拆弹部队正在研究可以在营救行动中帮忙的壁虎机器人。

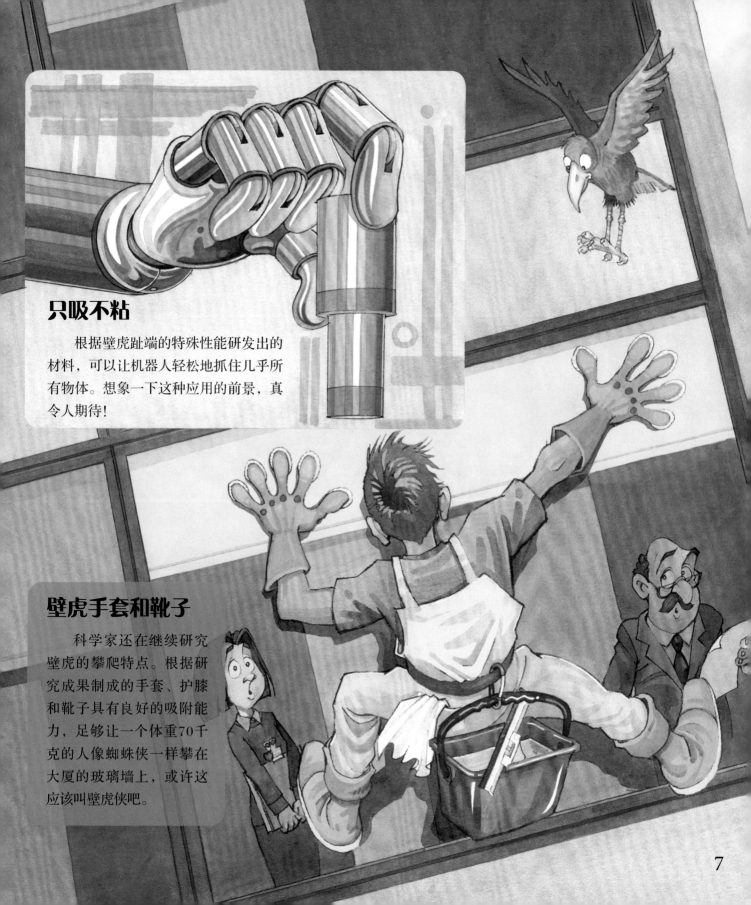

只吸不粘

　　根据壁虎趾端的特殊性能研发出的材料，可以让机器人轻松地抓住几乎所有物体。想象一下这种应用的前景，真令人期待！

壁虎手套和靴子

　　科学家还在继续研究壁虎的攀爬特点。根据研究成果制成的手套、护膝和靴子具有良好的吸附能力，足够让一个体重70千克的人像蜘蛛侠一样攀在大厦的玻璃墙上，或许这应该叫壁虎侠吧。

壁虎的眼睛

美国国家航空航天局（NASA）的太空科学家们，正在研制可以在太空吸附物体的机器人。这种机器人吸附物体的方式和壁虎吸附墙面一样，它可以吸附太空垃圾，避免它们引起碰撞，这对我们来说非常重要。

与此同时，科学家们还在研究壁虎的眼睛。壁虎的视力非常好，夜视能力也很强，这也是夜行捕食的一大利器。它们眼睛内的晶状体运作的方式，启发光学工程师们设计出了新型望远镜、夜视镜，以及可以在夜晚拍摄的摄像机。

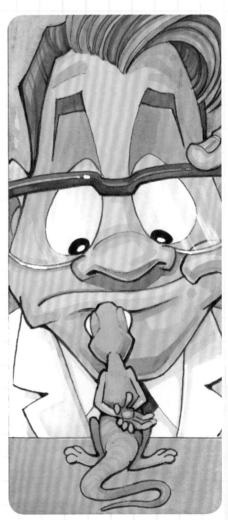

壁虎不会眨眼，因为它们没有活动眼睑。跟蛇一样，它们凸出的眼球外覆有透明膜片，既能保护眼睛，又不阻挡视力。许多壁虎会用舌头清洁这层膜片，就像汽车上的雨刷器清洁风挡玻璃一样。

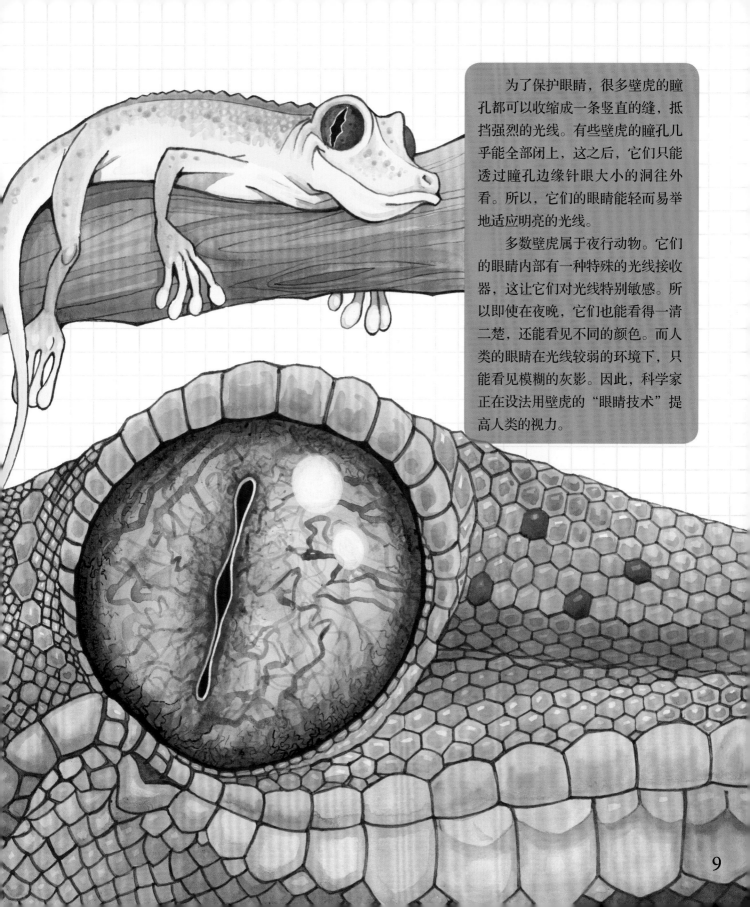

为了保护眼睛，很多壁虎的瞳孔都可以收缩成一条竖直的缝，抵挡强烈的光线。有些壁虎的瞳孔几乎能全部闭上，这之后，它们只能透过瞳孔边缘针眼大小的洞往外看。所以，它们的眼睛能轻而易举地适应明亮的光线。

多数壁虎属于夜行动物。它们的眼睛内部有一种特殊的光线接收器，这让它们对光线特别敏感。所以即使在夜晚，它们也能看得一清二楚，还能看见不同的颜色。而人类的眼睛在光线较弱的环境下，只能看见模糊的灰影。因此，科学家正在设法用壁虎的"眼睛技术"提高人类的视力。

9

夜视镜

如果你要在夜晚带着一盒蜡笔和一张白纸在外面画画，想要分辨蜡笔的颜色，就得费好大的劲。我们人类的眼睛并不擅长在黑暗里区分色彩。但壁虎就不会有这样的问题。

壁虎的视锥细胞的敏感程度是人类的350倍，这令它们在黑夜里也能看清色彩。很少有动物具备这种能力。你想在夜晚拥有和白天一样的好视力吗？或许科学家正在研究的壁虎"眼睛技术"，能帮我们改善夜视镜和摄像机，实现这个梦想。

小贴士

隐形眼镜是放在眼球表面的一层像塑料的薄膜片，它能让人看得更清楚。现在很多视力不太好的人都会选择戴隐形眼镜，而不是框架眼镜。目前，已经出现了基于壁虎眼睛研制的多焦点隐形眼镜。

你知道吗？

全世界大约有1.25亿人佩戴隐形眼镜，但据我们所知，没有一只壁虎需要戴眼镜。

夜视镜能让我们在夜晚看得更清楚。但比起壁虎的眼睛，现在的夜视镜实在太重太大了。或许有一天，人们在壁虎的启发下，能研制出更加轻便的夜视镜或夜视隐形眼镜。

夜晚，壁虎的眼睛能清楚看到近处和远处的物体。因为不同波长的光线能同时聚焦到它们的视网膜上。在昏暗的月光下，我们人类就成了色盲，但壁虎不会。

希拉毒蜥

希拉毒蜥是一种大型蜥蜴，体长能达到60厘米。它们是美国本土最大的蜥蜴，主要生活在新墨西哥州、亚利桑那州、犹他州和加利福尼亚州干燥炎热的沙漠里。目前，人们在北美洲的索诺兰沙漠、莫哈韦沙漠和奇瓦瓦沙漠里，都发现了希拉毒蜥。

希拉毒蜥的身体呈深灰色，上面有橘黄、粉红、红色或黄色的斑点。它们捕食比它们体形小的动物，包括爬行动物，不过最喜欢的是鸟蛋。它们喜欢生活在炎热的地方，尾巴又短又粗，里面储存着脂肪作为能量储备。

小档案

- 希拉毒蜥在不喝水的情况下大约可以存活87天。
- 它们的名字来源于亚利桑那州的希拉河盆地，它们在那儿被首次发现。
- "一群希拉毒蜥"在英文中称作"休息室"（lounge），如果你看到它们懒懒地躺着晒太阳的样子，就会觉得这个说法很形象。
- 野外生存的希拉毒蜥寿命在20年左右，人工饲养的希拉毒蜥最长能活30年。

希拉毒蜥毒液的毒性相当于响尾蛇，但一般情况下，它们只会释放少量的毒液。

希拉毒蜥的口中可释放毒液。它们不是像蛇那样，用尖牙直接将毒液注入猎物的体内，而是用自己的上下颌夹住猎物不停撕咬，让毒液像口水一样随着撕咬慢慢流入猎物体内。虽然被咬一口很疼，但好在希拉毒蜥释放出的毒液对人类来说通常不致命。

科学家已经用希拉毒蜥的毒液研制出了一些新型药物。这种爬行动物看起来似乎脾气不太好，但它那独特的毒液，可能会帮助数百万人。不过到底怎样帮，你一定猜不到……

13

毒液的医疗应用

制造希拉毒蜥机器人听起来像科幻小说一样，但希拉毒蜥的生物学意义却是真实存在的。希拉毒蜥的唾液已经被应用于临床治疗。全世界有几百万人患糖尿病，而科学家在希拉毒蜥的毒液里发现了一种特别的物质，用这种物质制成的药物可以调节血糖值。

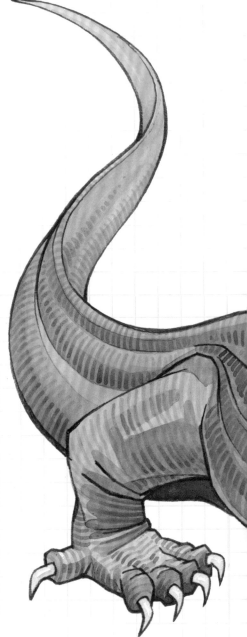

小贴士

我们的身体需要糖作能量，但糖尿病人的血液中葡萄糖（血糖）含量太高了。我们身体里有一种激素，叫作胰岛素，它能促使血液里的葡萄糖释放到身体细胞中。如果体内胰岛素含量不足，血糖含量就会过高，引发糖尿病。有些糖尿病患者需要定期注射胰岛素。而受希拉毒蜥启发发明的药物已经应用于部分患者。

抗生素

抗生素能杀灭有害的生物，治疗疾病或感染。科学家正在研究爬行动物的血液，希望能够找到更好的抗生素。

鳄鱼的免疫系统能帮它们抵抗伤害，有些伤害可能对其他动物来说是致命的，但对鳄鱼来说却是小菜一碟。鳄鱼的血液已经被用于抵抗一些使人类致病的超级细菌。

科莫多龙是世界上最大的蜥蜴。科学家正在研究它们血液中的一种化学物质。这种物质似乎能杀死细菌并加速伤口愈合。

变色龙

变色龙能看到远在数米外的美味昆虫。它们捕猎的方式是静等猎物靠近，待到猎物足够近时，再动用自己的超级武器——舌头。它们能在短短0.07秒内捕获猎物，简直比喷气式飞机的速度还快！

小档案

- 变色龙有很多种，体长从15毫米到69厘米都有。最大的变色龙几乎跟猫一样大。
- 变色龙以蝗虫、螳螂、草蜢、蜥和蟋蟀等昆虫为食，饮用叶子上的水珠。
- 变色龙喜欢单独行动。只有在繁殖季，它们才会成群结队出动。

变色龙的长舌末端类似吸盘，上面布满了黏液。这种黏液比人类唾液黏稠400多倍，就像胶水一样，能轻易粘住猎物。

变色龙的眼睛

变色龙的眼睛非常灵活，不仅可以转动，还可以一只盯住某个方向，另一只观察四周。因此，变色龙可以同时追踪两个方向的物体。可以说，变色龙眼睛的视角是360度的。

变色龙的舌头

变色龙的舌头全部伸出来时超过身体的两倍长。它们可以闪电般射出舌头，粘住昆虫等猎物。

形状自适应气爪

仿生机械手

受变色龙舌头的启发，工程师们研发了一种机械手。机械手末端是有弹性的硅胶帽，能一次抓住好几个物体，还能把它们一起放下。这种机械手叫"形状自适应气爪"，虽然发明它是受了变色龙舌头的物理性能的启发，但它上面并没有黏液。

17

变色的技艺

很多变色龙都能快速改变体色，它们是怎么做到的呢？原来，它们的皮肤里有一层特殊的细胞，能改变表皮的结构和图案。这种变色有伪装和向对手发送信息的作用。悠闲地躺在树枝上休息时，变色龙可能是绿色或棕色的，但如果这时出现了一只雄性对手，它能一瞬间变成橘色和红色。试想一下，如果人类也具备这种随意变色的能力，我们会做些什么呢？

你知道吗？

纺织品科学家正在研发能像变色龙皮肤一样变色的纺织品。他们已经研发出一种能随着触摸和声音改变颜色的布料。美国军方想利用这种技术，制造快速变色的伪装服。电子面料可以做成衣服，让人随时融入任何背景。

变色龙机器人

是的，也有变色龙机器人！中国科学家在一个仿变色龙机器人身上使用了"实时变色技术"。这个机器人的"皮肤"中有许多整齐排列的纳米孔洞。当"皮肤"舒张或收缩时，纳米孔洞的间距发生改变，从而改变光的反射效果，呈现出肉眼可见的颜色变化。这个机器人变色又快又准，有时候你还会以为它突然消失了呢。

如果你喜欢大一点的变色龙机器人，也许可以在曼谷儿童发现博物馆内的动物机器人馆看到右图中的这个变色龙机器人。

沙漠变色龙

寒冷的时候，生活在沙漠里的变色龙为了吸收阳光，会全身变成黑色。这色彩科学真是太酷了！

19

蛇

很多人怕蛇，大概是因为不喜欢它们的样子。这些爬行猎手在地上弯弯曲曲地扭动，不时发出咝咝声。但在一些让人闻风丧胆的蛇中，科学家发现了不少有意思的东西。蛇毒里有些成分，在地球上别的地方都找不到。这些蛇毒能通过不同的方式影响动物的血液和肌肉，因此，科学家正在想办法将它们研制成不同的药物。

小档案

· 除了南极洲，地球上其他地方发现的蛇约有3000种。

· 所有蛇都是食肉动物，但只有大约600种是有毒的。

· 蛇类使用舌头嗅探。即使在黑暗中，它们也能用舌头感受到猎物身上的体温。

· 有些海蛇能用皮肤辅助呼吸，从而延长水下活动时间。

你知道吗？

蛇毒里的新发现层出不穷。有些蛇，像贝尔彻海蛇（如下图），毒性非常强，只需几毫克毒液，就能毒死1000人。好在这种蛇会主动避开人类。

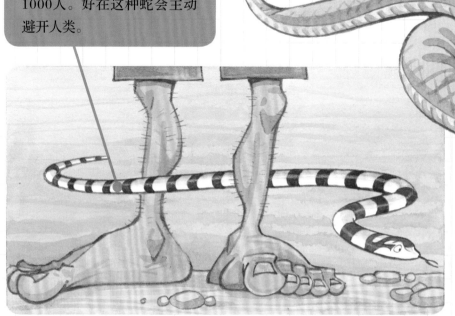

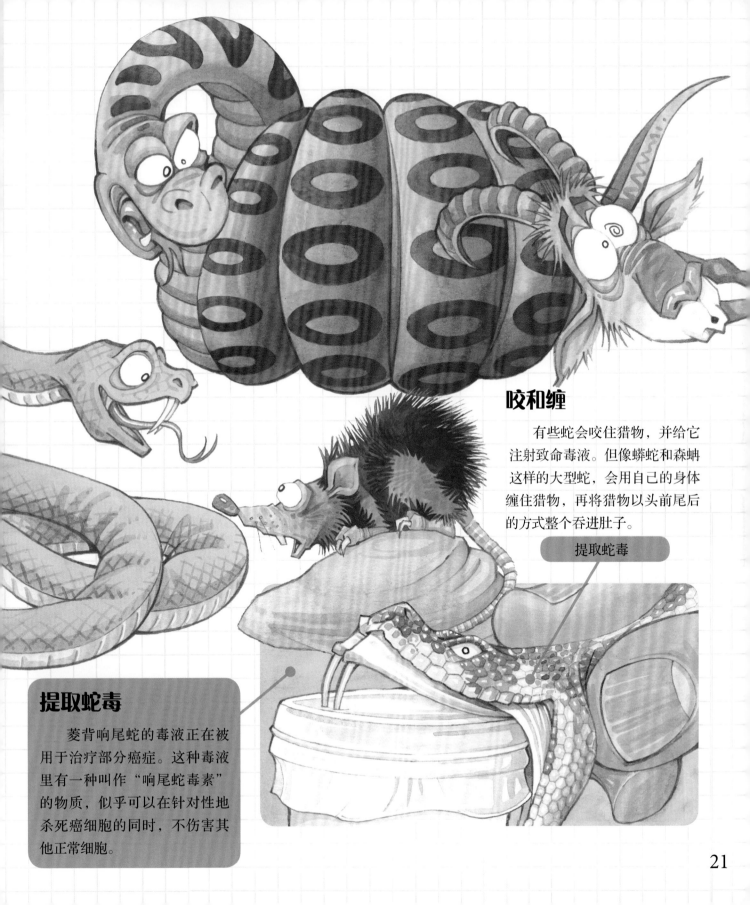

咬和缠

有些蛇会咬住猎物，并给它注射致命毒液。但像蟒蛇和森蚺这样的大型蛇，会用自己的身体缠住猎物，再将猎物以头前尾后的方式整个吞进肚子。

提取蛇毒

提取蛇毒

菱背响尾蛇的毒液正在被用于治疗部分癌症。这种毒液里有一种叫作"响尾蛇毒素"的物质，似乎可以在针对性地杀死癌细胞的同时，不伤害其他正常细胞。

蛇形机器人

即使是危险或者狭窄的地方，蛇也能进出自如。因此，科学家模仿蛇的爬行方式，制作了蛇形机器人，并将它们派到地球以及外星球上人类到不了的地方。

一般的机器在沙地斜坡上很容易陷住，难以顺利前行，但靠侧行式前进的蛇就可以。工程师们设计了一款侧行的带摄像头的蛇形机器人，让它进入红海边那些充满危险的不稳定的人造洞穴，探测是否有古埃及遗留船只，为考古学家提供帮助。

卡内基梅隆大学研制的蛇形机器人可以在沙地斜坡上爬升。

一家名为HIBOT的日本公司制作了一款蛇形机器人，它们能够进出通风管等人类进不去的狭窄空间。

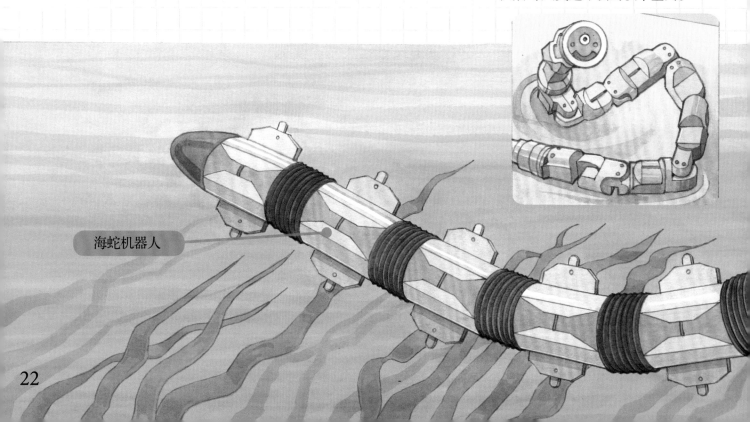

海蛇机器人

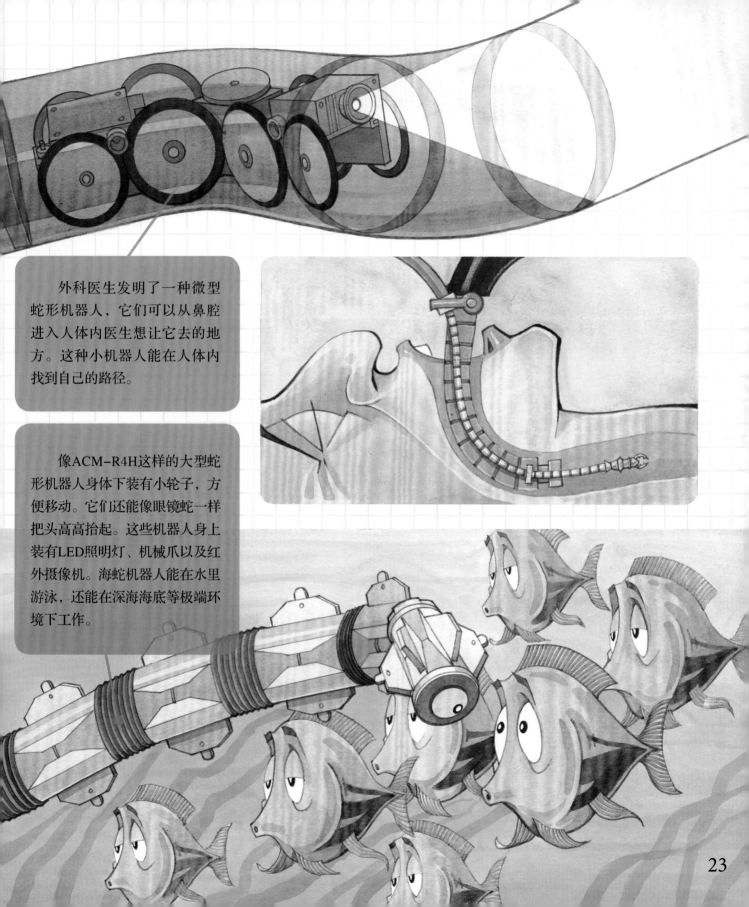

外科医生发明了一种微型蛇形机器人，它们可以从鼻腔进入人体内医生想让它去的地方。这种小机器人能在人体内找到自己的路径。

像ACM-R4H这样的大型蛇形机器人身体下装有小轮子，方便移动。它们还能像眼镜蛇一样把头高高抬起。这些机器人身上装有LED照明灯、机械爪以及红外摄像机。海蛇机器人能在水里游泳，还能在深海海底等极端环境下工作。

23

双冠蜥

要是让你在水面上奔跑，你想选择什么方式？双冠蜥的脚有神奇的生理结构，能让它们迅速逃离捕食者。双冠蜥之所以能在水上奔跑，是因为后脚脚趾很长，脚趾边缘长有能在水里张开的鳞片，这样就增加了脚掌的表面积，让双脚可以像船桨一样划动。它们奔跑时，张开的脚掌狠拍水面，在脚底下产生小气泡，从而防止身体下沉。当然，要跑得足够快才行。

小档案

· 双冠蜥在水上的奔跑速度可达到每秒1.5米。

· 双冠蜥能长到60厘米长，这个长度包括它那条像鞭子一样的长尾巴。雄性双冠蜥的头上长有两个高高的突起。

· 双冠蜥一次产10～20枚卵。蜥蜴妈妈不会守着小蜥蜴出生，所以小蜥蜴一出生就要照顾自己。

· 双冠蜥是杂食性动物，它们以植物、昆虫及其他小动物为食。

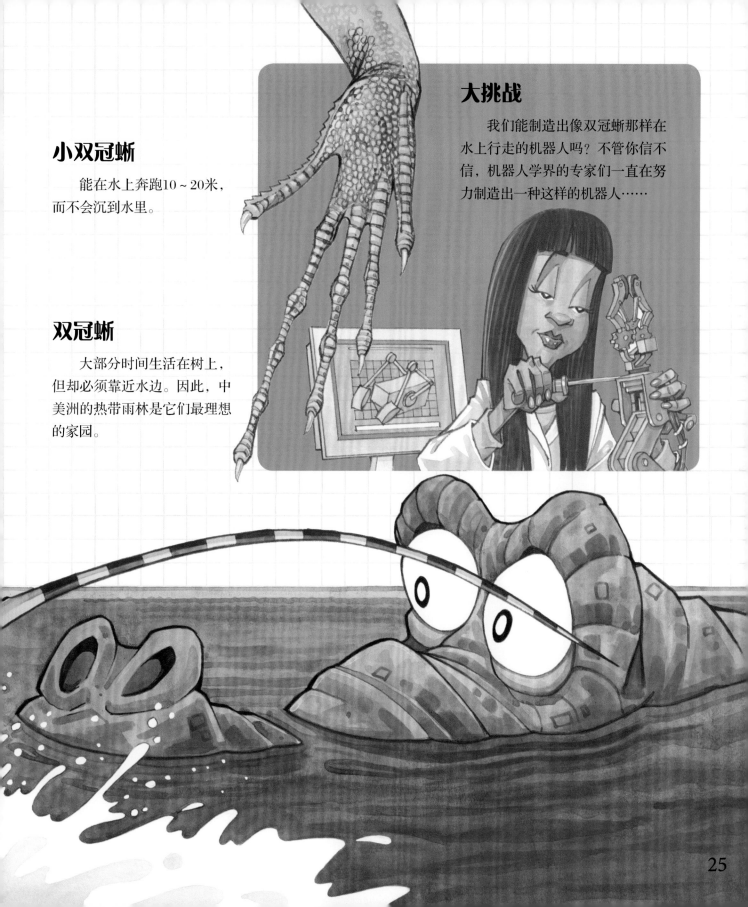

小双冠蜥

能在水上奔跑10～20米，而不会沉到水里。

双冠蜥

大部分时间生活在树上，但却必须靠近水边。因此，中美洲的热带雨林是它们最理想的家园。

大挑战

我们能制造出像双冠蜥那样在水上行走的机器人吗？不管你信不信，机器人学界的专家们一直在努力制造出一种这样的机器人……

25

水上机器人

受双冠蜥的启发，科学家们已经发明制造出了一款能在水上行走的两脚机器人，这款机器人还有一个四只脚的同款。这两款机器人已经通过了测试。接下来还会有什么惊喜呢？科学家还发明了水黾机器人，它能像水黾一样在池塘的水面上行走。这种科学也叫生物力学。

你知道吗？

可能要不了多久，我们就可以用成群的微型灭菌机器人清理受到污染的水域了。科学家正在研制可以在肮脏的沼泽上行走的小型机器人。这些机器人可以打捞微生物，并将其转换为电能。看来，我们的未来充满了无限可能。

一个能够水陆两栖的小型机器人可以有很多用途。安装上摄像机后，有些小型机器人比无人机还好用。还有一些小型机器人可以在湖泊和水库监测水体质量，甚至还可以在洪灾时协助救援。受双冠蜥启发制成的机器人几乎可以胜任各种任务。因此，在仿生学领域，它真可以算是一颗耀眼的明星了。

27

词汇表

捕食者

以捕猎其他动物并将其作为食物的动物。

毒液

蛇、蜘蛛、鱼类等动物在叮咬时释放的有毒液体。

光学

关于光和视见之间关系的科学。

硅

一种可用于制作塑料、防水耐热润滑剂和清漆的化学物质。

机器人学

设计和操作机器人的科学。

激素

一种由动植物某些特异细胞合成和分泌的化学物质，能够促进生长或影响细胞的工作。

考古学家

根据古代人类的遗存研究人类社会历史的科学家。

猎物

被其他动物捕食的动物。

蟒蛇

通过缠裹挤压杀死猎物的一种蛇目动物。

生物学家

研究生物及生命过程的科学家。

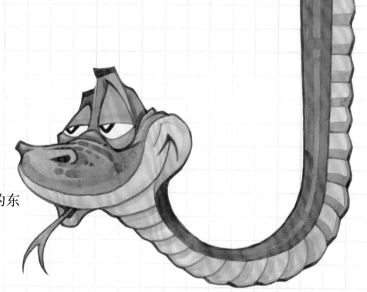

食肉动物

    以肉类食物为主的动物。

视网膜

    眼球后方一个膜层，对光敏感，能将其看到的东西传递给大脑。

太阳能

    由阳光产生的能量。

螳螂

    一种昆虫，多数为绿色，与蝗虫和蟑螂是近亲。

瞳孔

    眼睛中央一小块黑色的圆形区域。

唾液

    口腔中分泌的促进食物消化的液体。

微生物

    微小的生物，比如细菌，只有在显微镜下才能被看到。

细菌

    一种可能致病的微生物。

夜行动物

    主要在夜晚活动的动物。

营养物质

    维持生命存活及生长的必需物质。

杂食动物

    既吃植物也吃肉的动物。